宇宙·神奇的天体

燃烧的太阳

温会会/文　曾平/绘

浙江摄影出版社
全国百佳图书出版单位

U0220881

清朗的夜晚，当你抬头仰望天空时，会看到许多明亮的星星，它们几乎都是自身能够发光发热的气体星球——恒星。在浩瀚的宇宙中，恒星的数量就像沙滩上的沙子一样多。

我是距离地球最近的恒星，为地球提供不可或缺的能量。如果没有我，地球就不会存在生命。我的名字叫太阳，在宇宙中生活了大约 100 亿年。

水星、金星、地球、火星、木星、土星、天王星、海王星这8颗行星和它们的卫星以及一些小行星和矮行星，沿着固定的轨道围绕着我公转，我们共同组成了太阳系。

在人类的眼中，太阳系是非常庞大的星系，但在包括了所有空间和时间的宇宙中，它只是一个很微小的组成部分。

我浑身都充满了温度极高且光芒耀眼的气体，看上去就像一颗正在熊熊燃烧的大火球，不断散发出巨大的热量。

我身体表面的温度并不完全一致，有一些区域的温度会稍微低一些，看起来也会比较暗。人们通过天文望远镜观测到了这一现象，并将这些看起来比较暗的区域称为"太阳黑子"。

8

恒星的体积通常都非常巨大。

你生活在地球上，觉得天地是那样的无边无际，但地球和我比起来，会有怎样的差距呢？

假如我是一个口袋，那么我能轻易装下 130 万个地球！

在你的眼中，我可能是一个"巨无霸"，但其实论体积，我在所有恒星当中只能算是一个"小不点"。

大小不一样的恒星，颜色也不一样。大的恒星通常是蓝色或者红色的，小的恒星通常是黄色的。

所有恒星都是在充满气体和尘埃的星云中形成的。

银河系是由我和其他许许多多的恒星汇聚在一起共同运转而形成的。无边的宇宙中存在着数以千亿计的类似星系。

　　你可以试着想象一下，宇宙究竟有多么庞大，而人类又是多么渺小。

白天，我用灿烂的光芒普照大地，可等到夜幕降临，我就悄悄地消失了。

这是因为地球时刻在自转，每自转一周需要一天的时间。当你所在的半球背对着我的时候，就是夜晚，另一半球则是明亮的白昼。

为什么星星会在夜空中闪烁，就像在顽皮地眨眼睛呢？

因为恒星的光芒经过地球的大气层时会发生折射。恒星本身是不会一闪一闪的哟！

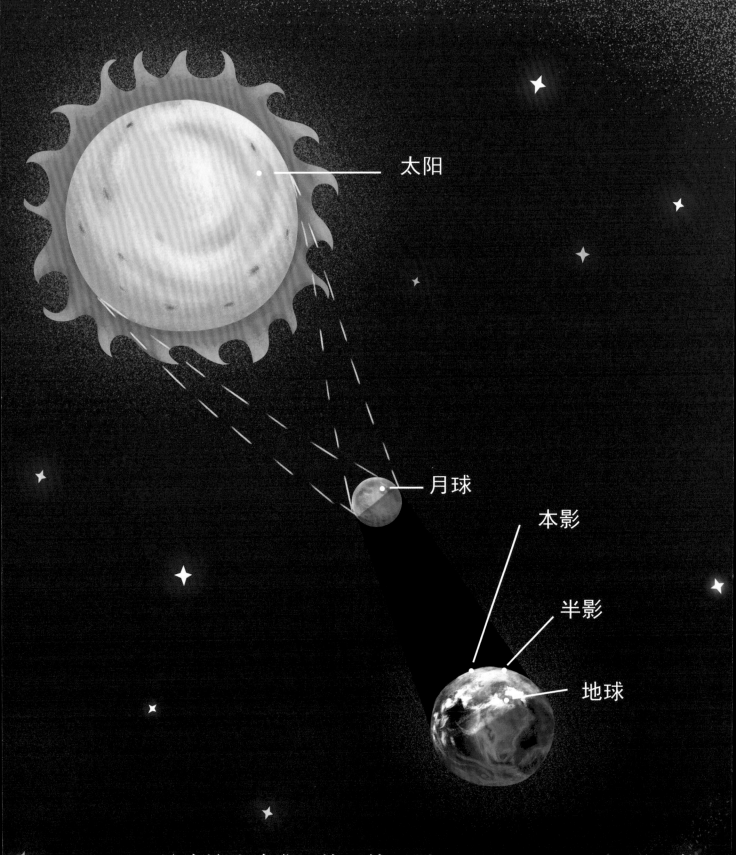

太阳

月球

本影

半影

地球

月球是地球唯一的天然卫星。
　　当它运转到我和地球中间，即我们三个在同一条直
线上时，就会挡住我散发出的光和热。

这时候，在地球上的你会发现天色一下子变暗了，在我的身上也出现了黑色的影子。这种像光影游戏一样奇特而有趣的天文现象就是"日食"。

一定不要用眼睛直接看日食，这会对眼睛造成伤害！

像你常吃的洋葱一样，我的身体也分为很多层。其中，核心是温度最高的地方，能够产生不可思议的能量。

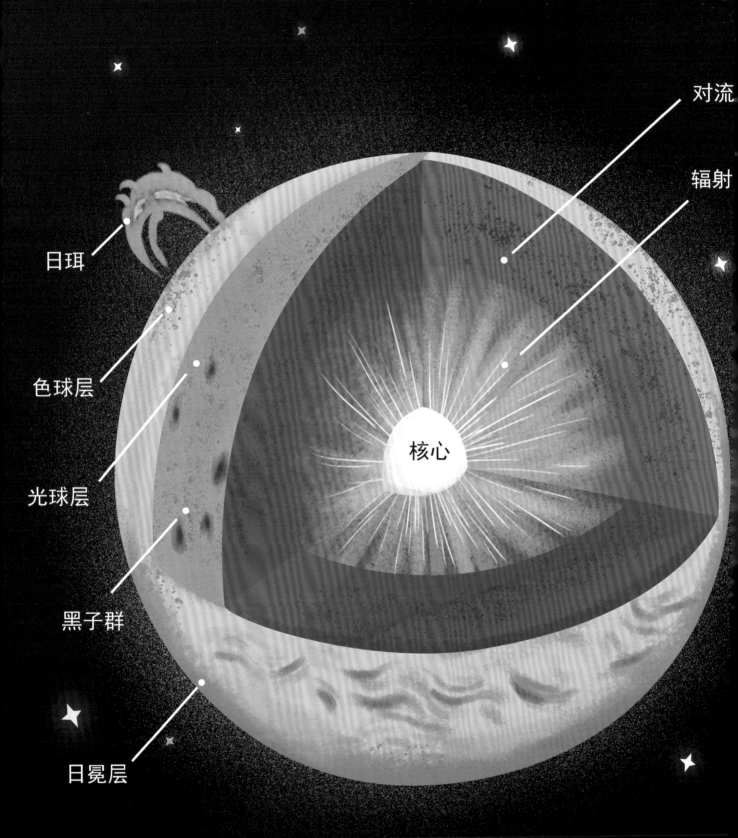

对流

辐射

日珥

色球层

光球层

黑子群

核心

日冕层

我的光芒从表面的光球层到达地球，大约需要8分钟的时间。适当地晒太阳对身体有益，但强烈的紫外线会灼伤皮肤，因此，在烈日下长时间进行户外活动要注意防晒！

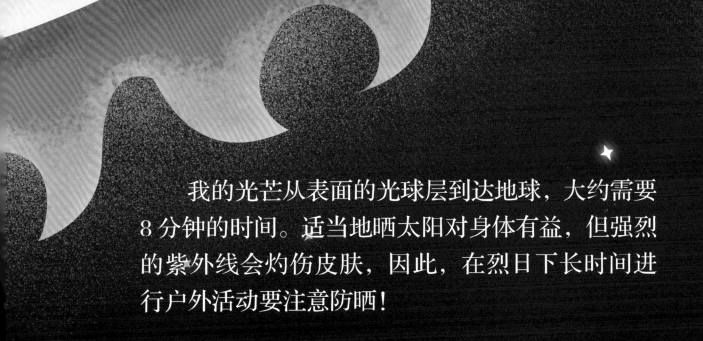

日冕层是太阳大气的最外层，温度可超过 1000000℃！当发生日食时，人们能够通过天文望远镜看到它形成的白色光环。

日冕中充满了微型耀斑，就像一堆堆正在炽热舞动的营火，它们能释放出比火山喷发还要高很多倍的能量。

　　我释放出充满能量的粒子流形成太阳风，吹向太空。
　　一部分高能带电粒子流被地球的磁场牵引到南北两极，与高层大气中的分子或原子发生碰撞，从而形成了无与伦比的美丽极光。

数千年来，人类从未停止过对我的向往。他们运用天马行空的想象，将我编织进瑰丽动人的神话传说中，流传了一代又一代。

从前，人们认为地球是宇宙的中心，我和月亮环绕着它运转。1609 年，意大利天文学家伽利略制造了天文望远镜，观测到太阳黑子的运动，证明我才是太阳系的中心，并且能够自转。

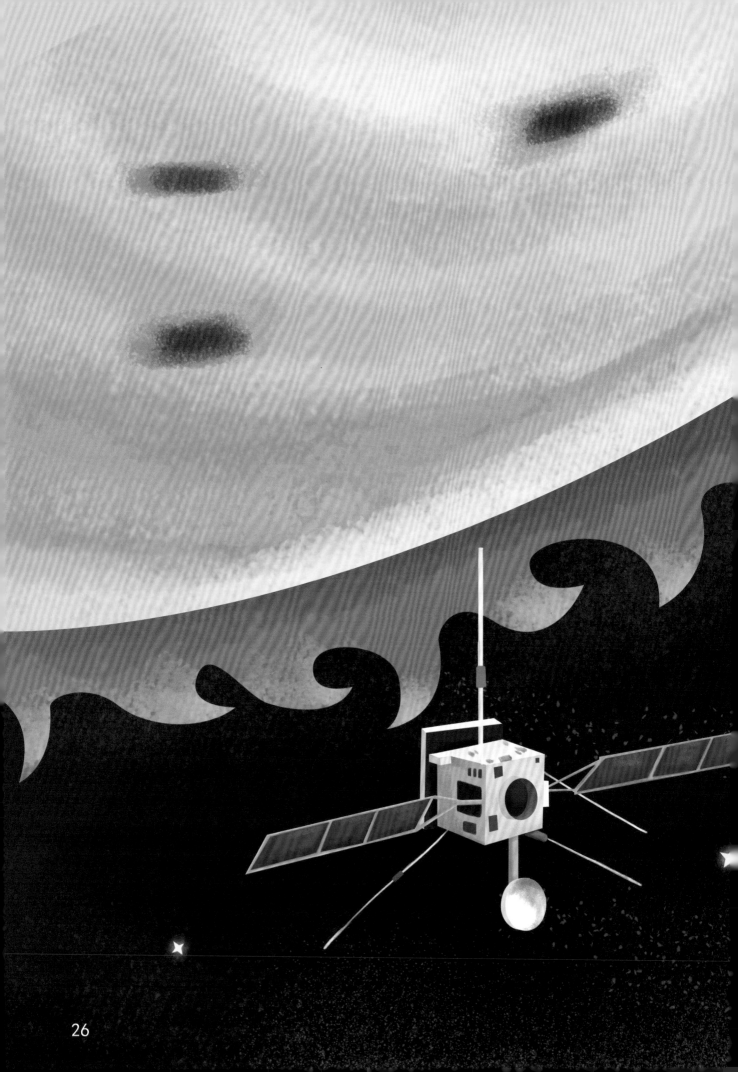

　　可怕的高温一直阻碍着人类对我的探索。随着科技的不断发展，各种精密的观测仪器被制造出来，比如太阳轨道飞行器、太阳探测器等，迟早会有那么一天，我的诸多未解之谜将会被你们一一揭开……

责任编辑　陈　一
文字编辑　谢晓天
责任校对　高余朵
责任印制　汪立峰

项目设计　北视国

图书在版编目（CIP）数据

燃烧的太阳 / 温会会文；曾平绘．-- 杭州 ：浙江
摄影出版社， 2023.3
（宇宙·神奇的天体）
ISBN 978-7-5514-4391-3

Ⅰ．①燃… Ⅱ．①温… ②曾… Ⅲ．①太阳—少儿读
物 Ⅳ．① P182-49

中国国家版本馆 CIP 数据核字（2023）第 034111 号

RANSHAO DE TAIYANG

燃烧的太阳
（宇宙·神奇的天体）

温会会 / 文　曾平 / 绘

全国百佳图书出版单位
浙江摄影出版社出版发行
　　　地址：杭州市体育场路 347 号
　　　邮编：310006
　　　电话：0571-85151082
　　　网址：www. photo. zjcb. com
制版：北京北视国文化传媒有限公司
印刷：唐山富达印务有限公司
开本：889mm×1194mm　1/16
印张：2
2023 年 3 月第 1 版　　2023 年 3 月第 1 次印刷
ISBN 978-7-5514-4391-3
定价：39. 80 元